500图细说
养多肉

新手"入坑"最专业、最接地气的指导

麟仙儿 著

水 淼

中国农业科学技术出版社

图书在版编目（CIP）数据

500图细说养多肉 / 麟仙儿, 水淼著. —北京：中国农业科学技术出版社，2019.9
ISBN 978-7-5116-4117-5

Ⅰ.①5… Ⅱ.①麟… ②水… Ⅲ.①多浆植物—观赏园艺—图解 Ⅳ.①S682.33-64

中国版本图书馆CIP数据核字（2019）第059437号

责任编辑	张志花
责任校对	李向荣

出 版 者	中国农业科学技术出版社
	北京市中关村南大街12号　　　邮编：100081
电　　话	（010）82106636（编辑室）　　（010）82109702（发行部）
	（010）82109709（读者服务部）
传　　真	（010）82106631
网　　址	http://www.CASTP.cn
经 销 商	各地新华书店
印 刷 者	固安县京平诚乾印刷有限公司
开　　本	787mm×1092mm　1/16
印　　张	12
字　　数	185千
版　　次	2019年9月第1版　2019年9月第1次印刷
定　　价	69.00元

内容简介

萌萌的多肉品种繁多，傻傻分不清？熊童子、桃蛋、吉娃娃……

为什么原本漂亮的肉肉养着，养着，变成了这个傻样？徒长、穿裙子、黑腐……

想送一盆多肉给老师、领导、父母或恋人，选哪种最合适？它们都有怎样的寓意？口笛，代表开心快乐每一天；山地玫瑰，代表对你深深的爱意；简叶花月，代表招财进宝……

这是一本专业又通俗的新手多肉养护指导书（高清大图+视频）。本书的两位作者，一位是"多肉大神"麟仙儿，他是一位具有多年多肉种植经验的大棚主；另一位为"入坑"多年的多肉玩家水淼，她同时也是一位畅销书作家。

本书内容包括：健康多肉的挑选（多肉的形态和生长期等）、基本养护（配土、浇水、日照等）、繁殖（砍头、分株、叶插和播种）、问题处理（徒长、化水、黑腐等）、品种识别及寓意、"入坑"行语速查等。

本书最大的特色是500余幅高清大图带给你"杂志式阅读"的轻松体验，一看就懂，不仅让你把多肉养活，更是让你养出状态；而且，书中按多肉不同的生长特性和形态赋予了它们不同的寓意，不仅让你了解它们的姿态之美，更是让你了解它们的精神之美。

如果想了解更多的种植和养护知识，还可以扫描封面上的二维码获得视频信息，让多肉为你的生活增添更多乐趣！

目 录
content

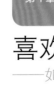

第 1 章

喜欢，就把它带回家
——如何挑选好品质的多肉

第 2 章

懂它，才能养好它
——多肉的栽种与养护

多肉的美，惊艳了时光，温暖了岁月。

喜欢，就把它带回家

——如何挑选好品质的多肉

多肉植物本身储存水分，肉嘟嘟的，外形十分可爱，萌而不娇，生命力也很强。多肉植物不仅有很强的观赏性，而且还有很高的药用价值。

多肉早已在你生活中

　　多肉植物是指植物的根、茎、叶三种营养器官中至少有一种是肥厚多汁并且具备储藏大量水分功能的植物。它们在土壤含水状况恶化时依然能自己提供水分而生存下来。

▼ 全世界的多肉植物有一万多个品种，从植物学来看，它们隶属几十个科，如龙舌兰科、夹竹桃科、萝科、凤梨科、鸭跖草科、菊科、景天科、葫芦科、薯蓣科、大戟科、牛儿苗科、苦苣苔科、百合科、番杏科、桑科、胡椒科、马齿苋科、葡萄科、百岁兰科/买麻藤科等。

红太阳

◀割开"红太阳"，可以看到里面储存着大量水分的茎部。

仙人掌

▲全身长满刺的仙人掌或仙人球很常见，它们是多肉家族的一员，其茎具有储水功能。

多肉植物早已出现在我们的生活中。如果你认为它们只是靠身姿博得人们的喜爱，那你就太孤陋寡闻或太小瞧它们了。它们还有食用、药用和其他价值，如酢浆草科多肉植物，其根含糖分可提炼砂糖；龙舌兰科多肉植物的叶含丰富纤维，加工后可制成衣料、布匹、麻袋及其他麻之代用品；而众所周知的芦荟科的芦荟，是被应用最广的药用多肉植物；有些木本多肉植物还用于简单建筑材料、家具材料及燃料等。

从养几棵多肉开始，给生活添点乐趣。静下心，慢慢享受生活中的小幸福。

橙梦露
缀化

绮罗

芦荟

吉娃娃

▲专门用于观赏，且人气指数最高的多肉植物基本上都是景天科植物，其叶片具有储水功能（如绮罗）。

▶景天科多肉植物叶片形状像花朵，即使不开花也很漂亮，人们观赏它们多汁且颜色艳丽的叶片（如吉娃娃）。

◀芦荟（百合科）可能是多肉植物之中的美容之王了，有非常好的消炎与补水作用。

◀夏天野外随处可见的马齿苋（马齿苋科）是一种受人欢迎的野菜，也是不折不扣的多肉植物。

▼绿化带中的大花马齿苋，看其多汁的叶片就知道它也属多肉植物。

你可能想知道：
多肉植物就是
沙漠植物吗？

▶用于观赏的多肉越来越多地出现在庭院中和阳台上。

金琥

多肉植物并不一定是沙漠植物，事实上真正生活在沙漠中的只是一少部分，它们有的生活在悬崖峭壁上，有的生活在海边，如今很多都出现在我们人为创造的环境中供观赏。

野外原始
品种多肉

▲ 现在的多肉植物之所以这么美丽
可爱，是人们通过技术对原始品种
进行改良得来，如今新品种不断被
人工培育出来。它们的祖先生长在
野地里，大多其貌不扬。

▼茎干状多肉植物的代表品种非龟
甲龙莫属，它具有很高的知名度。
植株具半圆球形茎干（俗称"块
根"），最大直径可达1米。

龟甲龙

▼芦荟科分布于非洲、阿拉伯半岛
等地，约有700个品种，主要有芦
荟属、十二卷属、鲨鱼掌属等，姿
态虽然没有景天科妖娆，但非常大
气，耐看！

冰灯玉露

各种美丽身姿惹人爱

　　从外部形态上来看，萌态可掬的多肉有三种身姿：横向生长型、纵向生长型、下垂型。它们的姿态各有千秋。

▼这盆横向生长的璇叶姬星美人随着年份的增大，它们将匍匐四周更大一片，给人一种柔和的美感。

璇叶姬
星美人

黑法师

佛珠

▲ 这株纵向生长的黑法师，从小苗开始逐渐长成树状，给人以雄壮、威武的感觉。

▲ 这盆下垂型的佛珠，随着它不断成长，绿油油的圆珠也慢慢低垂下来，妩媚动人。

缀化和出锦

缀化：某些多肉植物品种受到特殊环境的影响，如浇水、日照、温度、药物、气候突变等，其顶端的生长锥异常分生，形成许多小的生长点，最终长成扁平的扇形或像鸡冠一样的形状。

韶羞缀化

▲缀化变异植株因形态奇异，比较稀少，观赏价值更高，所以比原种更为珍贵。

◀一盆"灿烂缀化"，一盆"灿烂"，你更喜欢哪一盆呢？

灿烂缀化

灿烂

出锦：有的多肉茎、叶甚至子房等部位发生颜色上的改变，如变成白、黄、红等各种颜色，称作斑锦变异，通常叫"出锦"。这种现象的根源在于基因突变和异常调控。

玉蝶锦

▲ 多肉出锦属于常见的"不自然现象"。这棵玉蝶锦叶片两边带锦，非常漂亮。

白熊

绿熊

◀ 出锦的多肉比原种更珍贵，价格通常也更高。熊童子白锦（白熊）和熊童子（绿熊），你更喜欢哪一种呢？

多肉身上的看点

姬玉露

窗：十二卷属的玉露、万象、寿、玉扇等叶子顶端透明的部分，称为窗面，不同品种有不同的纹路，多光照后会展现出最佳的状态。透明面比较大的称为大窗；窗面积更大，看起来更加透明的称为全窗。

霜：有些多肉植物的表面有一层白霜，碰掉后会很难看。这层霜是最表层防护，能防止细菌侵入，也能防止内部的水分流失。

冰灯玉露

◀十二卷属的美在于窗，一般来说窗越大，看起来越通透，越美。

▼这盆奥普琳娜叶片上的白霜，让它多了几分仙气。

奥普琳娜

你可能想知道：

多肉植物都是
小巧玲珑型的吗？

龙舌兰属

▼有些多肉植物看起来采萌小巧，其实只要生长环境合适，假以时日，它们也会长很大。

紫心

　　只要处于适于生长的自然环境中，多肉植物就可以长到非常高大，如被称为"世纪植物"的大型品种龙舌兰，开花时景象壮观而烂漫，高大的圆柱形花梗高达7～8米，令人叹为观止。我们平时购买的多肉植物大都是小巧玲珑的，这一方面是品种问题，另一方面是养育环境问题。

不同多肉生长期不同

为了适应环境，多肉植物在原产地形成了每年固有的休眠期或半休眠期的生理习性。品种不同，休眠期也不同，有的在夏季，有的在冬季，甚至有的在夏冬两季都要休眠。虽然多肉品种经过了无数次的改良，生活环境也发生了很多的变化，但这种习性却仍然存在。了解这些你才能更好地照顾它们。

● 春秋种型——夏天休眠，春秋生长

春秋种型生长旺季是春季和秋季，而在夏冬两季生长缓慢，甚至会停止生长。所以在夏季要注意高温防护，冬季要注意防止冻伤。常见的春秋种型多肉有熊童子、灿烂、乙女心、明镜、虹之玉、帝玉、胧月、爱染锦等。

乙女心

胧月

● 夏种型——夏天不休眠，且生长旺盛

夏种型生长旺季是夏季。它们能轻轻松松度过夏季。由于夏季不休眠，因而需要充足的阳光，水分需求也比较大，但夏季闷热的时候要注意通风，酷暑也有必要采取降温措施。常见的夏种型多肉有火祭、子持莲华、黑王子、锦司晃、金枝绿叶、大和锦、白牡丹、吉娃娃等。

火祭

吉娃娃

● 冬种型——夏天休眠，冬天生长

冬种型生长旺季是冬季，度夏会有难度，在其他季节生长缓慢。特别要注意高温防护，虽然它们喜欢冬季，但如果温度太低（低于15℃）也会停止生长。常见的冬种型多肉有宝草、玉露、天女、生石花、唐扇、茜之塔、照波、银蚕等。

生石花

黄花照波

你可能想知道：

怎么判断多肉是否处于生长期?

晨光

▼处于生长期的多肉精神饱满，一眼就能看出。

蜡牡丹

如果你发现多肉的茎部爆出了一些侧芽，或出了很多气根，或感觉它好像变大了一些，那就说明此时正是它的生长期，那就更加精心地照顾它们吧！

带好品质的多肉回家

　　爱美之心，人皆有之。挑一盆健康美丽的多肉回家吧（从现在开始，你算是"入坑"了）！多肉的价格是市场而不是品种本身决定的（当然，有些多肉不易大面积繁殖，而且生长慢，所以价格也会比较贵）。贵的不一定是你喜欢的，价格便宜且常见的（称为"普货"，反之为"贵货"）也不错，买盆自己看中的吧！

● 到哪里可以买到多肉？

多肉大棚

◀到大棚直接买的多肉通常价格会更便宜，而且品种繁多，你可以根据自己的喜好百里挑一。

花店

◀在阳光充足的花店，特别是常常摆在花店外销售的多肉，一般状态都不错，但是价格可能小贵。

商场

◀ 一些商场内销售的多肉，由于长期没有日照，大多状态都不太好，形态并不美观。

网络

▲ 网上买多肉，除非一物一拍，否则有可能收到的和照片上看到的并不是一回事儿，但价格相对便宜些。

如何挑选一盆好多肉

一棵好品质的多肉植物，除了看颜值外，更重要的是看它们的身体状况，毕竟健康是美丽的基础！

秀妍

▲ 这盆秀妍属于"贵货"，价格贵时是便宜时的10倍以上。

姬秋丽

▲ 挑多肉的时候，不要在乎它的品种，关键是你能把它养成什么样。这盆普货姬秋丽难道不漂亮吗？

▶ **一看长势。**

小美女

茎不够粗壮，看起来不够美观。

二看颜色。

▼颜色漂亮的多肉不一定是状态好的多肉，没准是被"虐"了很久。

罗密欧

三看叶片。

▼不健康的多肉一般叶面不光滑、色泽暗淡、有皱褶、长斑等。健康的叶片厚实且触感比较硬。

法兰之舞

四看状态。

山地玫瑰

▲买一盆处于休眠期的多肉回家，对于新手来说是一个挑战。目前市场上大多数多肉的生长期都在春秋季节，所以最好选择在这两个季节购买。

五看根系。

厚叶锦晃星

▲根系发达且能看到新长出的白色根系，就是健康的多肉。

◀不健康的多肉，看起来就没精神。

法兰之舞

橙梦露

▲优质的多肉其实一眼就能看出来，如叶片饱满，用手轻捏会感到硬硬的。

冰玉

红粉佳人

▲"双头"和"多头"或许比"单头"的造型更好。

◀单头多肉慢慢长高，如果不生侧芽就会不停向上长，像这株红宝石一样。

红宝石

温馨提示

挑选多肉时可以用手稍微晃一晃盆，如果你感觉植株的晃动幅度较大，就说明这盆多肉才种上没多久，根系可能还没适应土质。晃动幅度较小的多肉相对来说比较好养护。

你可能想知道：

网购的多肉，掉了很多叶子，状态也不太好，怎么办？

▲ 网购的多肉，掉叶子总是难免。

　　网购的多肉经常出现掉叶片的现象，在运输过程中叶片很容易被碰掉、碰伤，而且它们本来生长速度就慢，还要适应新的生长环境等，所以它们的状态与想象中有很大的差距，不必惊慌失望，这很正常。它们的生命力很强，只要后期得到好的照顾，它们会慢慢变美！

缀化的多肉像鸡冠，像扇子，像珊瑚……
无论摆在哪里都是焦点。

韶羞缀化

第 2 章

懂它，才能养好它
——多肉的栽种与养护

有人说"多肉入坑深似海"，但既然选择了就要好好照顾它。虽然有时会很麻烦，但你会很快乐！

给它一个能配得上的花器

俗话说"三分长相，七分打扮"，其实多肉也一样，买回家的多肉如果能换一个与之气质相配的花器，会给你焕然一新的感觉。

当然，花器除了气质上与多肉能相配，更重要的是要适合它的生长。虽然生命力强大的多肉几乎适合任何一种材质的花器，但想要让它们茁壮成长，养出最美的状态，也要有针对性地去选择。

● 无论哪种花盆，一定要透水透气！

瓦盆

优点 透气且便宜。

不足 质地粗糙、松脆易碎、美观度较差。

可选择盆面有光泽，敲起来声音是清脆的。

红陶盆

优缺点与瓦盆差不多。

如果器具太小，太透气，保水能力就很差，很容易干透。

瓷盆

优点 有光泽，漂亮。

不足 不够透气。

要注意放在较通风的地方。

紫砂盆

优点 漂亮，透气性介于瓦盆和瓷盆之间。

不足 价格较贵。

越薄的紫砂盆透气性越强，盆壁很厚的透气性和瓷盆差不多，需解决通风问题。

木质盆

优点 透气、排水性能较好。

不足 容易腐烂和生虫。

多肉一般浇水不太多，腐烂概率较小。

玻璃盆

优点 漂亮、干净。

不足 不透气。

注意浇水量，解决通风问题。

其他 DIY

优点 可塑性强，看着开心。

不足 可能不透气、不经用等。

注意浇水量，解决通风问题。

艳芒

绮罗

▶ 根据多肉的气质与你
自己的喜好，给它们换
上合适的花盆。换上盆
后马上变得高大上。

◀ 是否透气，是给多肉选择花
器最重要的一个标准，所以尽
量选择底部有孔的。

▼ 你可能会把好几种多肉栽种在同一个花器中。虽然紧促好
看，但栽种太紧密并不利于它们生长。

你可能想知道：

底部无孔的盆一定
不能养多肉吗？

▼小酒杯也可以用来种多肉。

透气性对多肉很重要。无孔花器也可以养多肉，但请尽量选择浅一些、开口广的；配土时也要注意多用颗粒土，平时浇水量别多，有必要的话要用手按住整个花器里的土，让水流出来，防止积水造成烂根。

适合多肉的各种土质

多肉植物大多生长在热带荒漠区，那里土壤贫瘠，大多是砾石和粗砂，只有少量的土壤和有机质。因此，在种植多肉时应当尽量接近它们的原生态环境，要给它们提供疏松透气、蓄水性低、排水良好、具一定团粒结构、能提供植物生长期所需养分的砂质土，而过细、过小土质容易造成土壤板结，不利于它们生长。

多肉配土主要有两点，一是排水透气，二是无菌无虫。

● 常见种植土

配土对植物的根系生长很重要，不同的多肉喜欢不同的土质。适合种植多肉的土质多种多样，对于新手来说，还是把配土的任务交给内行的卖家吧！

常见种植土一览

▲菜园里和绿化带的土虽然取材方便，但干时表层易板结，湿时通气透水性差，不能单独使用。

▲由腐烂的植物以及各类有机垃圾组成的混合物。透气性能好，具有较好的保水保肥能力，但是时间长了要换土。

▲能增加土壤的通气性和保水性，但时间长了容易粉碎，使介质致密而失去通气性和保水性。

煤渣

▲煤渣经过高温燃烧后，不带病菌，含较多的微量元素，透气性和保水力都很强，但需要泡几天水去掉碱性。

河沙

▲河里干净的沙，透水性能好。建筑工地上的沙子通常是海沙，使用前需要泡水去碱性。

椰糠

▲椰子外壳纤维粉末。有良好的透气性和保水性，分解缓慢，能长时间发挥作用，但肥力差。

麦饭石

▲它几乎是颗粒界的"一哥"，主要化学成分是无机硅铝酸盐，能够稳定和提高土壤的物理机能，改善土质。

轻石

▲它是一种多孔、轻质的玻璃质酸性火山喷出岩，有良好的吸水功能，同时也能补充植物所需水分。

赤玉土

▲它是高通透性的火山泥，暗红色圆状颗粒；无有害细菌，呈微酸性。其形状有利于蓄水和排水。

绿沸石

▲它是一种绿色的矿石。透气性好，不易碎。

彩虹石

▲各种有色的颗粒土组合在一起的大杂烩就是彩虹石。

▲虽然陶粒本身外层就可以看到气孔，但并不像其他的颗粒土透气保水，一般用来垫底或铺面。

▲在栽种多肉或换盆的时候，要用潮土（即捏在手上会粘在一起，但没有水流出来）上盆。

▲小棵多肉的介质结构：最底部为颗粒土，中间为营养土，上面为铺面石。

生石花

▲有些土既可以用来种植多肉，也可以用来铺面。

▲ 根据土壤对植株的作用分为有机质料（为植株提供营养，如泥炭土、腐叶土、椰糠等）和无机质料（主要起通气保水透水固根的作用，如赤玉土、鹿沼土、蛭石、绿沸石等）两大类。

▲ 通常无机介质：有机介质大致是7:3。

● 常见铺面石

绿沸石

麦饭石

鹿沼土　红火山岩　黑火山岩

小颗粒赤玉土　大颗粒赤玉土

▲ 选择铺面石要满足三个小要求：一是美观，毋庸置疑，这是必须的。二是透气。不能因为铺面影响多肉根系的呼吸。三是有一定的重量，防止起风和浇水时土壤飞溅。

红冬云

▲ 爱群生、莲座状、株型大的多肉常用赤玉土、鹿沼土来铺面，显得更干净整洁。

彩石

▲ 彩石看起来很干净，但颜色太艳丽似乎会和多肉抢镜。

▲ 栽种和观赏多肉，除了满足它的根系需求，还要考虑到审美的需求，那就是使用铺面石，即用于铺在花器最上面一层的介质。

▲ 在家栽种多肉的时候，记得预留好铺面土的空间。

你可能想知道：
多肉仙去，
土还能继续用吗？

◀用过的土再次
使用之前应该杀
一次菌。

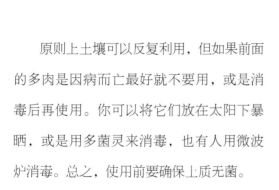

　　原则上土壤可以反复利用，但如果前面的多肉是因病而亡最好就不要用，或是消毒后再使用。你可以将它们放在太阳下暴晒，或是用多菌灵来消毒，也有人用微波炉消毒。总之，使用前要确保土质无菌。

多肉好不好，
配土很重要。

罗密欧

将多肉移栽到漂亮盆器中

盆和土都准备好之后，就把买回的多肉移栽到漂亮的盆器中吧！

移盆的重点是，保护好多肉的根！因为"根好一切都好"，良好的根系才能带来良好的状态。相反，如果根系不好，将会给它们带来失水、黑腐、营养不良等多种症状，后果会很严重。

▲ 你可能会用到这些工具。

在移栽之前要考虑好把多肉植物栽在花器的哪个位置、植株位置的高低、放在正中间还是歪在一边等，照自己的喜好来就可以了。注意要用潮土上盆。

如果不小心碰断了它的根，或分株时造成伤口过大，可在伤口处涂抹硫黄粉、木炭粉、多菌灵或其他防腐烂的药物，并晾3～7天，等伤口干燥后再上盆。

准备

准备好栽种多肉需要的小苗、花器、土壤、铺面石。

上盆前

第1步

轻轻地捏原来的盆，自下而上把多肉推出来。

第2步

除去粘在根部的泥土。用手把泥土弄掉，这些土没有营养，要扔掉。

第3步

用剪刀修根。保留主根，剪掉须根，这样看起来干净利落。

第4步

将修过根的多肉放在通风处晾晒2～3天。有必要的话可以用高锰酸钾先对多肉的根消毒再晾干。

第5步

把多肉放入花盆，调节高度，一手扶住植株，一手在周围撒入培养土。注意留出铺面空间。

第6步

根据自己的喜好选择铺面石铺上去。

第7步

用气吹和毛刷打扫植株上的尘土。

第8步

大功告成！是不是比上盆前高大上多了！注意，不要浇水！

墨西哥
姬莲

▶一些群生品种容易爆盆，栽种时尽量选择稍大一点的花器，留出供它们生长的空间。

▼如果你特别喜欢一个底部无孔的花盆，铺土的时候可在底层先铺上一层粗粒土（如陶粒），这样利于排水。

你可能想知道：
多肉是群栽好，
还是单独栽种好？

▼如果将多种多肉栽种在一起，
要确保它们是同一种属。

长生草

你可以根据自己的喜好选择群栽和单独栽。如果是群栽，要考虑到它们的习性是否相近，如十二卷属多肉比较喜欢水，不用阳光直晒，而景天科多肉大多需要充足的阳光，这两个科属的多肉就不能栽种在一起。如果你是新手，最好将多肉单独栽种，让每个多肉都有自己单独的房间吧！

摆放在适合生长的位置

多肉栽种好之后，放在哪个位置既美观又有利于它们的生长呢？多肉原生地是日照强烈且气候干燥的地区。因此，与其原生地相似的、日照充足且通风良好的地方才是最适合它们的场所。日照不足并且潮湿的场所是多肉们的大敌。尽量将它们放在一天最少四个小时以上日照的地方。家庭环境中，天台和阳台是最好的选择。

铜壶法师

▶刚刚栽种的多肉，要放在通风的地方，不要浇水，也不要让强烈的阳光直晒。

▲露养并不是简单地放到外面就可以了，要注意保护它们。从气候上看，露养适宜温度在10~30℃。温度超过30℃时光照一到两个小时没有问题，如果超过三个小时就会把多肉晒伤，需要采取遮阳措施。

▲当你感觉到室外温度很高或很低时，最好将多肉放得离玻璃窗远一点。

● 天台露养会怎样

在我国大多数地方，春秋两季都适合将多肉放在户外种植，也称露养，但有些地区，夏季阴雨连绵，有些品种就不适合露养。

雨燕座

▲淋水对大多数多肉而言是件好事，因为水中含有天然的微量元素，但不能长时间淋水，否则根部就会腐烂。

● 封闭式阳台可以吗？

封闭式阳台上的多肉享受不了全日浴，但夏天可以遮阴防雨。阳台党（在阳台上养多肉的人，与之相对的为天台党）要经常给多肉们换位置（常靠太阳的一边，多肉会向阳倾斜），让它们受阳光的照射均匀而滋润。

▼如果为了美观，你将它们摆放在客厅的电视机旁、卧室、餐桌上等，它们每天都见不到直射的阳光就会感到很难受，甚至还会有生命危险。

▼封闭式阳台也可以想出办法让多肉享受到日光和雨水。

绿茶法师

▲如果阳台上的多肉太多，可以放一个小架子安置它们。

▲在家庭环境中，它们最喜欢的是朝阳的阳台，有阳光直射的飘窗也是不错的选择。

你可能想知道：
有必要接雨水浇多肉吗？

蛋黄奶

▼如果用自来水浇多肉，可以将自来水放置1~2天后再浇。

桃蛋

雨水是多肉们的天然饮料。雷电可以让空气中的氮气和氧气发生化学反应生成可溶于水的氮氧化物，而这种氮氧化物在一般的自来水里含量是极低的。接的雨水不能存放太久，因为雨水中的营养物质会使水中的微生物大量繁殖，最好一周之内用掉。

看看它们有没有服盆

恩西诺

你种下的多肉，现在看起来还好吗？

多肉植物跟人类一样，对新环境会有些陌生，它们需要一个适应期，这个过程就是服盆，因为服盆主要是根部适应，所以也叫缓根。当它们安全地度过这个适应的过程时，你就可以放心了。这个周期大概两个星期左右，根基扎实，恢复正常生长。如果你的多肉有新叶片生长的迹象，叶片饱满，轻提不动，基本就说明已经服盆，可以阳光直晒了。

◀这盆多肉已经服盆，叶片饱满，看起来有生命力。

温馨提示

　　受品种和环境等因素影响，有些多肉服盆时间较长，甚至要一个月时间。如果你不太确定是否服盆，请耐心等待，不浇水，散射光，再给它们一点时间观察后效。

吉娃娃

▼这盆秀妍还没有服盆。看不出生长的迹象。

秀妍

烟熏兔耳

▲在照顾多肉服盆时，如果不小心碰掉了叶子，不要紧张，没准会生出小头，给你带来惊喜。

▲服盆通常代表植株已经长出健康的根系，可以支撑植株的正常消耗。

玉蝶

▲多肉服盆一段时间后，底部叶片会慢慢枯萎。这是正常的新陈代谢，不必惊慌，直接拔掉枯叶即可。

多肉晒太阳也有讲究

　　大多数多肉植物在生长发育阶段都需要充足的阳光，属于喜光植物，但有些品种一晒太阳就蔫。它们对光照的要求分品种、时间和季节。大多数景天科多肉都喜欢阳光直晒，而十二卷属则喜欢散射光，刚移盆的多肉和刚成长起来的小苗不能在阳光下暴晒。

　　在春秋冬三个季节，需要充足光照的多肉可以进行全天候日照。但30℃以上的天气里要防晒，而且很多品种在夏天会进入休眠期，不能暴晒。如果是露养，夏季正午时分最好将它们搬进室内避免晒伤。

▶需要多晒太阳的种类有大戟科、龙舌兰科、番杏科以及常见的景天科。它们适合在阳光直接照射到的地方栽种。

少将

● 需要很多阳光的多肉

吉祥冠

雨燕座

● 不需太多阳光的多肉

仙人掌科
玉翁

西瓜寿

央金

▲不需要过多阳光的种类有仙人掌科和百合科十二卷属。它们只要有一定的散射光、弱光照射就可以了。

▲充足的阳光、适当控水，一些多肉的颜色会逐渐由绿变红。

▲多肉出颜色其实是外界温差刺激下产生的应激反应，是一种非常态的表现，不要为了追求出颜色而虐待它。

温馨提示

一般来说，玻璃可以阻挡90％的紫外线，没有紫外线多肉很难出状态，甚至会变得很难看。所以室内养多肉要尽量多开窗。一扇窗足以把室内的紫外线含量提高一倍。

胧月

纸风车

▲同一盆纸风车，充足阳光照射以及控水后，是不是更漂亮了呢？看出它们的叶片有什么变化了吗？

给多肉浇水是一门学问

多肉是有名的耐旱植物，或许你认为它们几乎不用浇水就能生长得很好。其实万事万物的生长都离不开水。如果在多肉生长活跃期浇水不够，可能会使细小的根须脱水，它们便会失去光泽，甚至面临生命危险。当然，浇水过多比不浇水问题更大，如果它们根部积水就会生病、腐烂。

众多因素都会对浇水有所影响，如植物的品种、大小、当地气候环境、季节、土壤配比、花器材质与大小、空气流通环境等。

浇水最好选在晚间或者多云阴天时，一定要避开烈日下浇水。因为浇水后湿润的土壤受强日照暴晒，花盆内部开始升温，水分开始蒸发，根系可能闷死，导致整株多肉腐烂。

● 植株不同，浇水不同

多肉小苗、成株与老桩因植株大小
不同，对水的需求量也不同。

蒂比

▶小苗的根系少，浇太多的水它们根本应对不
了，而且容易滋生病菌，或引起根部腐烂。每天浇
水一次，每次只要让土壤表层湿润即可。

桃蛋

◀成株，因根系健壮浇水量要大，但
又不能浇水太频繁，每次要浇透整个
土壤，在通风好的情况下一周左右浇
一次水。

▶老桩，由于茎部木质化，对水的吸收减少。
平均每个月浇水一两次即可，每次要浇透，即
一次浇到花器底部出水孔出水为止。

罗琦

● 状态不同，浇水不同

如果你发现多肉叶片褶皱变软，就表明需要
浇水了。景天科多肉浇水后一般3～5天就能恢复
状态。否则可能是根系出问题了或是土壤不适
合，可以查看根系，换盆土。

黑爪

▶这株双头黑爪叶片褶皱变软，已严重缺水。

● 花器不同，浇水不同

花器的材质和大小都影响浇水量，如使用透气性高、土质容易干燥的红陶盆，浇水频率也要增加。而使用保水性很好的陶瓷或者塑料花盆，浇水过多就容易腐烂；若使用口宽的浅花器，由于其储水少，且水分挥发快，浇水频率要高，反之亦然。

▲若使用高花器，浇水不要太频繁。

● 季节不同，浇水不同

春秋季节是大多数多肉的生长期，在正常情况下，成株一周浇水一次，如果通风良好，可以3～4天浇水一次，老桩一周一次，每次浇透；夏冬季节很多多肉进入休眠状态，根系吸收水分减少或不吸收水分。因此，15～20天浇水一次即可。每次浇水少量，1/3左右即可。

碧玉莲

▲休眠期的多肉，不需要多少水。

▼土壤中如果颗粒较多，则透水性好，土壤会干得很快，浇水次数要增加，反之，如果土壤中松软的泥炭土较多，则保水性好，浇水的频率就要低一些。

● 土质不同，浇水不同

山地玫瑰

● 多肉需水时发出的信号

多肉需水时会发出信号，在正常情况下浇水 3～5 天就会恢复饱满状态，如果浇水后叶片还是没精神，也许是根出了问题。

▶ 适当控水的多肉，叶片往里包着。浇水过多时叶片就会向下耷拉，穿裙子，失去美感。

蓝安娜火焰杯

墨西哥巨人

▶ 缺水信号：❶叶片失去光泽，底下叶子卷曲、皱褶、变软，叶片向中间靠拢；❷土表发白，土壤有干枯感；❸拿起花盆感觉有点轻飘飘，没有平时重。

山地玫瑰

▲ 这棵缺水的山地玫瑰已然仙去。万事万物的生长都需要水，不能多浇水并不意味着它们不需要水。

你可能想知道：

除了自来水，还可以浇什么水能让多肉生长得更好？

冰灯玉露

▼多肉往往控水才会出状态。

彩虹

大部分植物喜欢酸性水，并不是说它们喜欢喝酸水，而是因为植物根系新陈代谢排泄的废物会堆积在根系周围，影响植物的健康，而这些排泄物以及土壤中可以被植物利用但必须先被溶解的元素，都要靠酸性水进行溶解，酸性水更能促进多肉生长，所以有人在水里添加少许醋来浇多肉。

把你的多肉养出状态

"出状态"这个词，对于入坑的多肉主人来说，可能是终极目标了。多肉虽然生命力顽强，但有时候它们又很脆弱。有太多的条件决定了它们的生命状态。有时候你想让多肉出状态，可能仅仅是多浇了一点水，就全盘皆输。

● 养肉在于养根

多光照、少浇水就会出状态，但也并不是少浇水多晒太阳就一定会出状态，关键在于养根。毕竟强大的根系是养出状态的前提。

▲ 这是健康的（左）、快死掉的（中）以及死掉的（右）多肉根系。

▲ 长出强大的根系其实也不难，只要条件合适，即使一根茎也会长出根来。

▲ 根系这么差，难怪这些多肉要死不活，更别说出状态了。

▲这株灿烂锦的叶片出现好几种颜色，太漂亮了！

● 温差的重要影响

想要多肉出状态，除了阳光、水分要均衡之外，温差也很重要。露养的多肉容易出状态，是因为温差大，室内温差相对较小，没有露养出状态快。很多人为了追求温差，而把多肉放在冰箱里，实在是不明智之举。

▲ 昼夜温差越大，花青素在多肉叶片内积累越多，越可能造就多肉美美的状态。

▲ 这株铜壶这么漂亮，要不要把你的多肉也养成这样？

● 闷养出状态

　　闷养就是制造温室效应。闷养可以让植物在最合理的环境下，呈现出最快的生长速度、最标准的特性显示，最漂亮的品相。不过，除十二卷属的多肉植物外，大多数的多肉都不适合闷养。

▲ 闷养，一般是给多肉加罩透明塑料杯或保鲜膜，保持内部的湿度，但要注意留出植物呼吸的孔。

▲ 这株草玉露已经很久没浇水了，叶片干枯，了无生机。看看闷养后会怎样？

▲ 闷养第一步：浇水。根系浇水及叶片上喷洒水。

草玉露

▲闷养第二步：覆盖。用扎孔的保鲜膜将玉露盖住，留出透气孔。　▲第四天，叶片饱满，焕然一新。

多久换一次盆呢

定期给多肉换土，可以促进其生长，预防烂根、黑腐还有病虫害。在一般情况下，多肉每两年要换一次土，这对多肉的生长比较有利，土壤也会比较疏松透气。

换盆（土）与新栽种一样。给多肉换盆前3~5天要停止浇水。将植株取出后去掉旧土，修剪根系再上新盆。上盆后要给它们服盆的时间，少浇水，不要直晒。

多肉植物换盆（土）一般选择在休眠期即将结束，生长期快要重新开始之前。此时换土可以促进多肉植物顺利结束休眠，并且更好地开始生长。夏天细菌繁殖传播力强，换盆时会破坏根系，此时一定要给土壤和多肉伤口喷洒"多菌灵"，等伤口晾干再种植。

▶如果你的多肉出现以下几种情况，就表示可以给它们换盆了！
❶多肉在很长一段时间都不生长。❷根部腐烂或者出现其他明显的问题。❸多肉长大，原来的花器空间不够了。❹多肉养了1~2年都没有换盆，根系发达，从未修根。❺想给多肉换一个更漂亮的花器（换盆频繁对多肉也有损伤）。

大和锦

▼ 拇指盆养的多肉，精致可爱，但小盆会限制多肉的生长。

桃蛋

▶排除休眠状态，如果3个月以上多肉完全不见生长，可能是僵苗。最好的解决办法就是换土、换盆，期待它在适合的土壤环境中长出健康的根系，健康长大。

姬胧月

温馨提示

将根系修剪完之后给其消毒时，不要直接将根系泡到多菌灵里面。这样会使多肉的根系变得很脆弱。正确的做法是将多菌灵倒进喷壶里，然后将根部喷湿，等根部晾干之后再上盆，不然切口容易感染。

要给多肉们施肥吗

大多数多肉植物都不需要施肥，因为它们本来就生长在土壤贫瘠的地方。你为它们配置的土中养分就足够支撑它们的生长需要了，但如果你想要多肉植物长得快，长得大也可以考虑施肥。常见的多肉肥主要有三种：专用颗粒肥、液体肥、自己DIY（一般是草木灰、骨粉、贝壳粉、腐熟的禽畜粪等）。

要注意的是：一般春秋适合施肥，肥料宜少不宜多，宜淡不宜浓。先松土再施肥效果更好。记住，即使你是为了它们好，也不能拔苗助长、急于求成，毕竟它们有自己的生长特点。

液体肥

▲ 液体肥种类很多，主要包含氮肥、磷肥、钾肥三种。一般喷洒叶面或者浇根。

阿美星

半球乙女

▲ 专用颗粒缓释肥随着温度的升高逐渐释放肥力，不会直接灼烧根部。一般埋土里或放土表。

奥普琳娜

▲ 并不是所有植株都适合施肥，如刚出土的小苗以及生长状态不好、根系受损、茎叶有伤口的多肉都不能施肥。

▶ 生长周期间的营养不均衡导致多肉桩子粗细不同。

温馨提示

如果担心自己的多肉营养不良，可以用淘米水浇多肉。淘米水中含氮、磷、钾等微量元素，是一种温和的复合肥，不伤根。一个月浇一次即可。

胧月

肉肉们开花了

长长的花剑

多肉植物（特别是景天科）靠它们那肥厚可爱，像花一样美丽的叶片成功地吸引了人们的注意力。如果你看到它们的花，就更爱它们了。开花季节，它们会生出长长的花箭。

花箭是多肉们繁衍后代的"器官"，一般会生长在多肉的叶片中间或者是叶片指压的顶端，开花之前有点像侧芽。花箭的生长会消耗主体的一部分养分，有花箭的多肉一般叶片会变黄出现萎缩，甚至有些多肉开花后会死掉。

虽然大部分多肉不会因为花箭而死亡，但是会消耗掉一些底部的叶片，如果你不希望母本受损的话可以直接将花箭剪掉，尽可能地靠近根部剪。花箭在剪掉之后，要注意伤口的处理，如果花箭的伤口上有液体渗出，要用干净的纸巾将其吸干。

纸风车的花箭

▲ 多肉开花

只要开花过一次，以后都会开花，而且有的多肉开花后会产生香味。

晚霞之舞的花箭

少将开花

◀多肉由于品种不同，不同植株的花序也不相同。

达摩福娘的花箭

恩西诺

▲恩西诺开花前萌萌的，开花时多了一分成熟韵味。

● 用花箭扦插

　　多肉的花朵非常美丽，将其剪下来之后，可以用来扦插，让它产生新的生命。用来扦插的花箭上必须有叶片。剪下花箭后晒干伤口，再将其插入干净的土里，然后放在没有阳光直射的地方。两周到1个月之后，新芽就慢慢地萌生了。粗壮的花箭扦插成功的概率会更大一些。

草玉露

▲多肉开花会损耗母本能量，甚至导致母本死亡，你可以将花箭剪掉。

▼剪下来的花箭可以用来孕育新的生命。

纸风车

你可能想知道：

多肉开花那么漂亮，
一定要剪掉吗？

▼花箭的出现更为多肉增添了几分优雅。

女王花笠

　　如果多肉母本够健康，单株多肉一般长出1~3个花箭不会对母本有太大影响，但如果一下子长了5枝甚至是更多的花箭，就会对多肉产生很大消耗，最好及时剪掉。

多点创意玩多肉

当你入坑一段时间后，对多肉们渐渐有所了解。接下来你便可以用更多的花招来玩多肉。看着它们慢慢长大，慢慢品味生活！

● 做自己的盆，养自己的肉

平日里，你可以利用身边的一些东西，如饮料瓶、灯罩、酒瓶等给多肉做个家，不仅个性化，别出心裁，而且经济实惠。

黑兔耳

▲ 随便一块枯木，挖个小洞就可以种多肉。

▲ 废弃的桶，在下面打个出水孔用来养多肉，是不是有点霸气呢！

半球乙女

▲ 将各种酒瓶切割成不同形状的花器。

▲ 海边捡来的海螺也是不错的多肉花器哦！

▲玩多肉不仅只是会养、养好这么简单，而且还是一种生活美学。

● 简单的高脚杯养多肉

准备材料

高脚杯、多肉营养土、小苗、铺面石。

第1步

将高脚杯最底层倒入适量无机质大颗粒土。

第2步

倒入有机质营养土，并稍稍将土压紧。

第3步

将多肉栽种到土里。

第4步

用纯色的铺面石铺面。

第5步

吹走叶片上的尘土，大功告成！

温馨提示

刚栽下多肉时不要浇水，由于高脚杯底部没有孔，所以平时浇水不要太多，将多肉放在通风处。

● 种一片心灵栖居地

有的人喜欢单纯的美，有的人喜欢有故事的美！把它们组合在一起形成一幅有故事的画面。每天看着它们，就像来到了自己的心灵栖居地，惬意！

步骤很简单：准备好浅口大花器、多肉土、各种小苗、铺面石、装饰小器物等。在浅口花器上铺入多肉土，根据自己的设计蓝图，将各多肉小苗栽种上去，铺面，最后把准备好的小器物放在合适的位置进行装饰就行了。

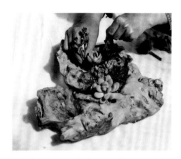

▲ 栽种的时候尽量用小镊子，别碰掉多肉的叶片。

▲ 小饰品的加入使盆栽变得更生动。

▲ 由于是混栽，所以要确定栽种在一起的各种多肉是否生长特性一致（喜光和喜水程度等）。

▲ 可以用小朋友的玩具做装饰，别有一番风味，不同的画面有不同的故事。

▲ 刚栽种时的模样。

▲ 一年后变成了这样。

温馨提示

多肉可以"防辐射"是商家的一个强力卖点，但事实上多肉并不能防辐射。电器的辐射是呈直线朝四周发射的，多肉不可能把这些射线拐着弯给吸收掉。

有一种美，叫成长；有一种美，叫绽放；
还有一种美，叫蜕变。

自由女神

第 3 章

多肉大户要懂的繁殖方法
——多肉的繁殖

　　想拥有很多肉肉，除了不断地买买买外，还可以自己繁殖多肉，方法简单，秒变大户。

叶插，一片叶子就是一条命

　　虽然大多数多肉都可以从种子开始培育，但太麻烦，更别提对你的耐心考验了，等它一点点长大简直就像等到天荒地老。其实绝大多数多肉都可以叶插繁殖。有时你会惊喜地发现某些多肉的叶片掉下来，然后自己生根、发芽、长大。多么神奇！

　　叶插可以让你秒变多肉大户，而且叶插非常容易出多头，也容易出现缀化现象。听起来真让人激动，赶快试试吧！

▲将散落的叶片收集起来像种子一样播撒，来年就能丰收。

不死鸟锦

▲生命力旺盛的落地生根，每个叶片掉下来，就是一个新生命。

第1步
准备土壤和植株。

叶插土　　　　　　　　　　　**植株**

▲土壤以保水为优，颗粒不要太大；植株要健康。

第**2**步

摘取新鲜的叶片。

▲摘叶片时可以左右晃动叶片，这样更容易摘取下来。叶片摘下来后，可以看到它的生长点没遭到破坏。

第**3**步

晾晒叶片。

▶刚摘下来的叶片需要1～3天晾干伤口。你也可以将摘下的叶片放在干燥处，等待长出根后再种。

第**4**步

放在土壤上。

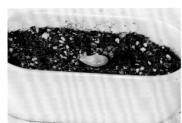

▲平放土面，这样不易被土壤里的病菌感染。

▲斜插土里，有助于扎根，但容易被土壤里的细菌感染而发黑。

▲直接插入土里，对后期养护非常方便，但不利于新芽的萌生。

第5步

放在合适的地方。

▶ 放在一个没有阳光直射，或者光线微弱的
地方等待出芽。出芽和出根前不用浇水。

第6步

等待生根出芽。

▶ 30天左右出芽、出根后，少量浇水，并且
移到有一些阳光的地方。

▲ 叶插是一件很神奇的事，看着叶片慢慢生根发芽长大是一种快乐。

黛比

◀有时候多肉的叶片自然脱落或不小心被碰掉后，会不知不觉长出小苗来，原来的植株称为母本。

万圣节

▲并不是所有多肉都能通过叶片繁殖。一般来说，像这种叶片比较薄的不能叶插，或成功率较低。

艾伦

◀像这种叶片较厚，且容易被碰下来的品种更适合叶插出苗，如艾伦、黄丽、铭月、姬秋丽、姬胧月、花月夜等，健康完整的叶片能够大幅度提升叶插成功率。

温馨提示

春秋季叶插成功率最高。最佳温度在20～28℃，最佳湿度为60%～80%。叶插出芽速度根据品种、环境有所不同，一般10～20天。

你可能想知道：

为什么久久
不生根发芽？

▼撬下来的叶片，放在干燥通风处，它们不久就会长根、发芽。

多肉生根发芽需要时间，请耐心等待，如果时间较长，但叶片仍然是健康强壮的，就不要放弃等待；但如果所有叶片都不生根发芽，几乎就可以排除培养时间不够的原因，可以检查叶片是否软化或者被病菌感染。

砍头，是为了看见最美的样子

　　植物在生长发育过程中顶芽和侧芽之间有密切的关系。顶芽旺盛生长时会抑制侧芽生长。如果由于某种原因顶芽停止生长（如把顶芽切掉），一些侧芽就会迅速生长。这种现象称作"顶端优势"。大部分多肉都可以爆头群生，但如果多肉就是耐得住性子不长侧芽，养了几年还是大单头，就可以给多肉砍头，即将它们的茎干剪切掉，多肉就比较容易爆侧芽啦，尤其是处在生长期的多肉。

▼有的多肉长得不好看，或是你想要某种造型的时候，就可以将它们的上部截断，称切顶，也称"砍头"，之后它们就会变得更茂盛。

红宝石被砍头

众赞曲

▲虽然砍头的时候心疼，但不久后一个个新的小枝头从枝干处冒出时，一个全新的美肉就会出现。

雨滴

◀这株多肉没有生侧芽，楞头直杆，适合砍头。

奥普琳娜

◀有时候为了造型，当它们还没长太高时砍头会更好。

● 砍头步骤

第**1**步

选择健康的植株。

蒂亚

▶虽然不健康的植株也可以砍头，但是选择健康的主体成功率往往会更高。这盆蒂亚因为徒长而被砍头。

第**2**步

找准合适的位置剪切。

▲一般选择上部往下三层以下的位置，保留底部越多叶片越好，因为保留的叶片越多，发芽爆群的概率就越高！

▲一只手扶着上面的顶头，另一只手用小刀直接割下。砍头完成。

第**3**步

砍头后伤口的处理。

▶砍下来的茎干千万不要直接插到土里！需晾2～3天等伤口干燥收缩后再栽种，然后慢慢等待出根。母本也需要置于通风处，减少光照，避免雨水，一般2～3周后就会长出新芽。

▲砍头后的伤口会慢慢愈合，如果担心伤口感染，可以涂一点多菌灵。

▲准备一个装有潮土的花器，并将中间挖一个小洞。

注意：松软的土有利于多肉生根和扎根，如椰糠、泥炭土、珍珠岩等。

▲将砍头后晾好根的植株栽入土中。

▲就这样，一株多肉变成了两株。

▲砍头后的植株，又长出了新的根。

▲砍头后的老伤口会慢慢愈合。

凝脂莲

桃蛋叶片

仙女杯

▲ 这些就是多肉的生长点，新芽从这里萌发。

◀ 给多肉砍头的时候建议用美工刀、手术刀甚至鱼线这类较不易损坏植物组织的工具，注意使用剪刀容易压坏植物组织。砍头的时候还要注意工具干净卫生，以免给多肉带来病菌。

温馨提示

　　生根粉是帮助多肉生根的一种激素，属于激素类药，常用于扦插时，在多肉砍头后直接涂抹在新鲜伤口表面，然后风干上盆。不需要生根的多肉，千万不要没事儿抹点儿生根粉来壮根，过大的根系会给多肉增添不必要的营养负担。

分株，获取以一变多的乐趣

有些多肉繁殖能力非常强，它自己会不断长出新的植株，以致盆太小都容不下它们了，这种情况下就需要分株。因为自带根系，所以其成长速度和存活率远高于叶插和枝插。分株，只要将原本已经快分离出去的植株小心地掰下来，种到新的花器中即可，甚至都不用晾苗。

▶有些爆盆的多肉，不分株，像这盆罗琦，就是另一种韵味。

● 分株步骤

第**1**步
拔起多肉。

▲ 小心地将要分株的多肉连根拔起，抖掉根部的泥土。

第**2**步
将小株分开。

▲ 将多肉的每一个侧芽都小心地分开，尽量带一点根。

第**3**步
准备花器与土。

▲ 将准备好的花器，装入一半的土。

第**4**步
将小苗栽入土中。

▲ 将刚才分离出来的小株栽种上，并围绕周围倒入土，将根部埋起来。

▲ 将周围的土压实，即种植完成！

▲ 分株后置于明亮无直射光的通风处，一周左右再适量增加光照。

温馨提示

如果不小心把根系弄断了，可以在其伤口处抹一些杀菌药，也可以自然风干几天等它重新长出根系再种植。

你可能想知道：
容易爆盆的多肉有哪些?

虎鲸

▶ 爆盆的多肉看起来更
有气势。

冰莓杂

　　多肉爆盆与品种有很大的关系，尽可
能选择容易爆盆的品种，如万年黄金草、
薄雪万年草、紫米粒、玉露、钱串、小野
玫瑰、小球玫瑰、银星等。一般群生的多
肉都可以分株。

播种，用耐心换取小苗

直接由种子繁殖的小苗称实生苗，具有生长旺盛、根系发达、寿命较长等特点。如果你想要尝试一下自己播种，考验一下自己的耐性也很好。其实，播种只要做到三点，出芽就没有问题：温度合适（15～30℃）、种子质量不错、严格按照播种步骤进行。

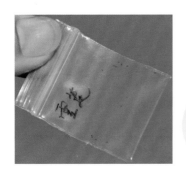

种子
多肉的种子细小如尘土，不仔细看都看不出来。

第1步
准备播种容器。

▲每个品种必须播在同一个育苗器中，并贴上品名标签。不能多品种共用同一容器，因为不同品种萌发新芽的速度不一样，且需光要求也不一样。

第2步
给土消毒。

▲一般用高温消毒（将土加水搅拌湿后用保鲜袋盛好，不要封袋口，放进微波炉里加热消毒）或药物消毒（一般用高锰酸钾或多菌灵）。

第3步
将土上盆。

▲在容器内撒上适量的播种土，然后撒1～2毫米厚的细粒蛭石。蛭石一般无菌，并能提供适合种子发芽的湿度。

第4步

播种。

▲ 将种子撒在表面，千万不要覆土。播种分为点播（用牙签蘸水把一粒粒种子粘住放土上）和散播（将一张纸对折，种子倒纸上，轻敲纸使纸震动，种子滑落到土上）两种。

第5步

保湿。

▲ 在容器上盖上保鲜膜，并扎上橡皮筋，用牙签扎出小孔，放到透气有散射光的地方，千万不要阳光直晒。出芽以后每天掀开膜，通风十多分钟。当出芽高峰过去以后就可以去掉保鲜膜了。

第6步

出芽后的护理。

▲ 种子的发芽时间与播种温度、种子的品种及新鲜度有关，从几天到一个月都有可能。出芽后可以去掉保鲜膜，逐渐移动到阳光下。没发芽时不要去膜，不晒太阳。

温馨提示

　　播种后要每天观察，注意土表变化，每隔几天，在土表快要干之前及时用浸盆的方法补水。如有发霉现象要注意通风或者去掉保鲜膜。

恩西诺

▲ 浸盆这种方法同样适合多肉成株。

丽虹玉

▲ 耐心等待，生石花的小苗在慢慢长大。

温馨提示

　　种子发芽还不太多时可以继续保持原来状态养护3～5天，等待其他苗发出。如果小苗长得细长，就不能再继续等待其余的发芽，而要放到南窗阳光直射的地方，注意控水，让苗成长。一直保持观察，在中午阳光直射的时候，如果小苗有被晒蔫的趋势，就要立即遮阴处理，同时也要记得浸盆，以保持土壤湿润，一直到小苗长出真叶。

怎么对待新出的小苗

　　叶插时看到叶片长出了崽，总会又惊又喜又心急，接下来该怎么办呢？其实，大多数时候，即使你不去管它们，小苗也会慢慢长大，但是要把它们养好就要给它们一个好的生长环境。

雪兔

◀小苗比成株的需水量大，因而要保持浇水频率，同时要保持通风。

◀不经意的蜕变带来惊喜。

● 一步步移苗

　　当幼苗（叶插苗或实生苗）长到一定程度时就要移盆，即将小苗移植到大的花盆来满足它们继续生长的态势。准备一把镊子、一个装有土质的花器。

第1步

一只手捏住母叶，另一只手把镊子插入根系附近的土壤中轻轻翘起小苗，尽量不要徒手操作。

第2步

移苗时带上一部分原来的土壤，这样基本就不会伤到小苗的根系了。

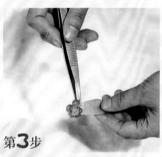

第3步

如果小苗太小，移苗的时候就带着母叶。
如果小苗够大（2～3厘米），就掰去母叶，这样可以提升小苗的生长速度。这片母叶已经化水，所以要去掉。

第4步

把准备好的土质挖一个小坑，将多肉的根埋入小坑中。用土全部覆盖住小苗的根系。移苗成功。

温馨提示

　　移苗之后不要马上给多肉浇水，应放到阴凉通风处三五天之后再浇透水，浇水时可以在水中少量混合杀菌剂和杀虫剂，预防黑腐和虫害。后期的养护主要就是观察，补水。一定不要让小苗处于干枯的状态。

你可能想知道：
小苗什么时候
可以晒太阳？

◀ 这些小苗就可以晒太阳了。

露娜莲

红爪

　　一般来说，无论是播种还是叶插，都在室内进行。光线与室外比相对较弱。当小苗出根并且已经发出新芽的时候，就可以太阳直晒或拿出去露养了，但它们暂时接受不了外面的强光，易被晒伤，所以晒太阳要循序渐进，每天下午晒2～3个小时，然后搬进室内。

姬秋丽

满满一盆都装不下，
生机盎然，让人感受
到生命之蓬勃。

第 4 章

用耐心和技术去爱
——解决多肉常见养护问题

唉？多肉买回家时的状态与现在的状态好像完全不一样。为什么别人家的多肉都那么好看，而自家的却……要把多肉养出状态来，需要技术与耐心。

出现气根是怎么回事？

　　植物生长气根的一个重要作用就是呼吸。如果环境憋闷、土壤不透气，根系不能正常呼吸就很可能长气根。气根可以帮助多肉呼吸更多的新鲜空气，但如果不能解决其根部的正常透气问题，气根出现后不久，多肉可能就要开始烂根了。所以有必要弄清楚到底是什么原因生长气根。

● 缓苗服盆时长出气根

迈达斯国王

◀多肉在上盆的初期，在缓苗过程中，容易在土壤上方出现气根。通常无需理会，保证环境通风、盆土微润即可。

● 环境太干燥时长出气根

紫羊绒

▶如果多肉盆土偏干，很长时间没有浇水了，植株萎蔫，就会长出气根，此时可以沿盆边缓慢浇水，慢慢浇透，多肉很快就会恢复活力了。

● 根茎出现问题时长出气根

▶ 当多肉根茎出现问题导致吸收不了水分，如根系腐烂枯死，茎干腐烂干瘪，此时就会从有活力的部位长出气根来保证自己的存活。这时，需要重新修根，甚至砍头处理。

胖美人

戴冠曲

● 正常的木质化

◀多肉底部的茎干会慢慢木质化，不能像以前那样正常输送水分和养料，只能从有活力的茎干部位长出气根。这种情况正常，不用理会。

● 本身就有长气根（不定根）的特点

◀有些多肉，如玉吊钟、艳日辉会在合适的季节长出气根，然后扎进土壤里变成正常的根系，更加牢固地生长在土中，吸收养分。这有利于它们的生长，而且有点老根盘错的感觉，更耐看。

温馨提示

一般来说，气根拔掉与否都无所谓，但最好不要拔掉，因为可能会损伤茎干的表皮，给真菌的侵入提供机会。

多肉生长气根其实是它们适应当下环境，保持良好自身状态的一种选择方式——它们想保住性命，或者想更好地生长。

果冻
乙女心

徒长，让颜值一落千丈

有一天你突然发现，原本造型紧凑的多肉，茎叶疯狂地往上长，变得又细又长，颜色也由原来的红色变得翠绿翠绿的了，毫无美感可言，这就是徒长。当你回忆起对它们的照顾细节时就会发现徒长的秘密，原来是光照不足，浇水过多引起。

如果短时间内光照条件变差，可以减少给水量或者停止浇水，让水分不足制约多肉徒长，但这治标不治本，最佳的方法还是给予充足的光照。

▼ 对多肉来说，美丽向左，徒长向右。徒长是不可逆的，毕竟它们没练过缩骨大法。

粉蔓

徒长茎干VS老桩

徒长的多肉变高大了，但不要太指望靠这种方法得到速成老桩。形成老桩至少需要一两年时间，多则三五年，而徒长的多肉几个月就可以完成。虽然有些人用徒长的多肉冒充老桩，但如果仔细看，就会发现它们的本质区别。

可爱玫瑰

▶ 徒长的茎干瘦长，叶片颜色不如老桩的好。看上去没有一种经历过岁月洗礼的感觉。

▼ 老桩底部的桩子比上面的粗，且整个茎干显得很结实，叶片红润有光泽。

仙女杯
初霜

面对徒长的多肉，你可以这样做：

面对徒长的多肉，你可以适当控水，增强光照，虽然已经徒长的部位无法改变，但顶端生长点新生长出的叶片可以回归紧凑肥美。继续种植下去，时间会对其施展魔法，没准有一天会形成一种别致的造型，有种独特的美丽。

当然，还有一个好办法就是砍头。

蒂比

伤口晾干后进行发根，重新"移植+繁殖"

撸了叶子进行叶插

等爆多头

▲多肉砍头，下刀位置很重要。

▶徒长最好的处理方法就是砍头。此株多肉砍头时应该保留部分叶片。

温馨提示

塔洛克

阳台多肉徒长的主要因素是日照不足，日照时间不够长、强度不足、光谱质量较差。首先太阳直射到阳台上的时间每天差不多三四个小时，与露养或野生多肉全天日照相比明显不足。另外，当阳台的窗户关闭时，玻璃可以阻断大部分紫外线，这也会造成多肉徒长。所以，阳台养护的多肉，白天尽量保持开窗。

哈哈，肉肉们穿裙子啦

多肉们本来包拢和向上的叶片，不知什么时候散开，向下耷拉了，就像穿了裙子一样，有人形象地说它们在摊大饼。这也说明多肉们光照不足，浇水过量。这种状况只能通过加强光照和控制水量来改善。常见的容易"穿裙子"的品种有玉龙观音、黑法师、玉蝶、子持莲华、吉娃娃等。

▼多肉都有自我保护功能，当它们的水分太多时，就会摊开叶片加强蒸腾作用，而叶片合拢则是为了减少水分的流失。

黑法师

太阳雨

◀状态不好时，叶片往下耷拉着，没有美感。

万圣夜

◀穿裙子的多肉叶片摊开，叶心泛白，叶色变浅，上下两部分叶片状态明显不协调。

▶穿了裙子后的京之华锦完全变了一种风格。

▶穿裙子前的京之华锦是这样的。

京之华锦

温馨提示

薄叶蓝鸟

穿裙子的多肉还能美回去吗？有时候浇水过多，就会造成多肉叶片下垂，但不太严重时你可以用棉签之类的东西将最底层的叶片顶着，慢慢顶回原来的样子。然后将花盆放在通风好，光照好的地方养护。让叶片以这样的状态生长一段时间就变回去了，然后再撤掉垫高的东西就好。

黑腐和化水，最可怕的事发生了

黑腐，就像多肉界的癌症

黑腐通常是由于浇水过多或养殖环境过于湿润而引起的真菌感染。有些虫子如粉蚧也会引起黑腐，尤其是根粉。这些害虫吸食多肉汁液时造成的伤口会引起真菌感染。如果你发现多肉叶片一碰就掉，有黑腐迹象，请马上检查茎干是否变黑，摸上去有类似软木塞的感觉，这时要果断作砍头处理。一定要记住，切除的工具做好消毒工作。

▲这是从一棵黑腐植株上掉下来的叶片，生长点已经成黑色的了，慢慢整个叶片就会变黑。

▶黑腐的根茎会发软，叶片也会跟着变黑，一碰就掉。

▲当你发现多肉黑腐的时候，往往已经是晚期了。

魔爪

▶一般来说，发现多肉部分黑腐时不要妄想还能恢复，它只会蔓延得更严重。

▲这株黑腐的多肉，马上砍头或许还能救活。
砍头时要看到切口呈现嫩黄色、白色、绿色才
表示感染部分切除干净。

▲如果发现多肉小苗的母叶黑腐，
要马上摘除，或许还能挽救小苗。

黑腐病的防治

平时注意盆土透气和散热。闷热的盆土不仅给病菌创造了繁殖条件，也降低了根系
的抵抗力。特别是浇水后暴晒，土壤里的根系就是一盘"水煮肉"。

当多肉移栽时用多菌灵浸根，服盆期的多肉抵抗力很弱，这时如果土壤里有病菌，
就很容易发病，可以用多菌灵治疗。早期如果你发现多肉有些不对劲，用多菌灵灌根也
很有效，越早越好。

化水，晶莹剔透却病得不轻

化水就是多肉的叶片或肉质茎，因故组织坏死后，会变得透亮，就像化成水一样。
多肉化水后，轻则部分叶片或组织腐败干枯，重则导致肉肉整株死亡。多肉植物化水最
常见的原因是浇水过多或积水伤根。其他多种原因，也会引起多肉植物化水，如强烈的
日照灼伤、病虫害、低温冻伤或机械伤害等。

▲ 化水的叶片呈透明状。

▲ 如果夏天过分闷热，冬天过分寒冷，多肉有可能出现化水的现象。

化水的处理办法

如果化水的叶子只有一两片，可以先把多肉转移到散射光通风处观察，如果化水没有蔓延就不用管，等多肉自己把化水的叶子吸收掉。如果出现了蔓延，或者发现的时候已经大面积化水了，一定要立即处理。

花月夜

◀ 发现多肉化水，要及时用锋利的刀子将化水的部分全部切除，然后在切口处抹上多菌灵，最后放在通风处晾干。

▲ 只要病痛中的多肉能活下来，生命的奇迹就会出现！

▲ 多肉的生命力很顽强，看似了无生机的植株，或许也能出现生命的奇迹。

你可能想知道：
黑腐病会传染吗？

▶黑腐是会传染的，如果群栽的多肉，有一株发现黑腐，对其他多肉也要马上杀菌处理。

蓝黛莲

黑腐病是一种非常麻烦的真菌病害。其侵染性和抗逆性强，寄主范围广，病原菌能以微菌核的形式在土壤中存活很长时间，可通过种子、带菌土壤、病残组织等多种途径传播。所以处理过黑腐的多肉后，一定要洗手，刀和剪刀也要消毒，杜绝传染！

多菌灵可有效治疗黑腐病，多菌灵为高效低毒内吸性杀菌剂，有内吸治疗和保护作用。对人、畜、鱼类、蜜蜂等低毒。对皮肤和眼睛有刺激，经口中毒会出现头昏、恶心、呕吐。

虫害，多肉身上的不速之客

不知什么时候，多肉身上出现了一些不速之客——各种小虫子。如果正常生长的多肉突然变黄、出现叶斑、发育不良、卷叶萎缩，你就要细细观察是否出现病虫害。如果发现要及时处理！多肉身上出现虫害，最好的处理方法就是换盆和用药，而且换盆之后的土和花器都要消毒处理。

红粉女王

▲ 虫子数量不多时可用牙签之类将它们弄掉，或将多肉整株拔下用水多冲几遍，直至看不到虫子；虫子数量多时要用药物（如护花神）灭杀，之后放在通风背阳的环境下，一周即可见效。

奥普琳娜

▲ 家养多肉最常见的虫害是介壳虫，它们白白胖胖，黏液像胶水一样。春季繁殖速度非常快，最严重的情况下会导致多肉死亡。

温馨提示

常见其他虫害还有蚜虫和根粉介壳虫，与介壳虫的处理方法一样。虫子量少时可以人工去除，虫子量多时用药物处理。

多肉常用小药

目前用得较多的是多菌灵、护花神、百菌清、代森锰锌、五氯硝基苯、灭蝇胺、呋喃丹、硫黄。要注意的是，使用最小的剂量，做好防护。

◀护花神

护花神，按说明书勾兑成合适的量。将药品灌装到喷壶里面，仔细喷洒多肉的每一片叶子，包括上面的黏液。

▲介壳灵，有杀虫和预防的作用，可以与护花神交替使用，以免虫子产生抗药性。

▲蚧必治，杀伤力非常强，专治根粉介壳虫，家里有小宠物时，要小心使用。

温馨提示

多肉上的虫是从哪里来的？多肉长介壳虫基本上都是因为买来的多肉枝叶、根系、土中有虫或虫卵，只是你没发现而已。所以多肉和花器买回来时要消毒灭菌。最好的办法是将花土放入微波炉内高温消毒10～15分钟，或是将其放在太阳光下曝晒消毒。

它没死，只是在蜕皮而已

蜕皮一般发生在每年温度升高的时候，3～5月基本是肉锥花属的蜕皮高峰期。这期间，充足的日照能加快蜕皮速度，但要控水。因为给水后的肉锥虽然能够恢复饱满，却让蜕皮变得困难了，而且也容易感染细菌。当然，要保持良好的通风。

因为蜕皮期间的多肉一直没有给水，靠的是自己外面老皮的营养供应，当外面的皮慢慢干去，它们就像瘦了一大圈。但当它们恢复生长后会长得比蜕皮前更大。

▲如果你养了一些番杏科多肉，如生石花、毛汉尼、碧光环（小兔子）等，有一天你会突然发现它们好像在蜕皮，且变得很丑，甚至感觉要死了似的。别紧张，这是它们正常的生理现象。

口笛

▲对这盆口笛来说，每一次蜕皮都可能是一次华丽的转变过程。

温馨提示

麻点

　　可以手工帮多肉蜕皮吗？不建议手工剥离干枯的老叶，帮助它们蜕皮。因为老皮在植物休眠阶段可以起到给植物"遮风挡雨"的作用，它们是作为休眠中新叶的"遮阳伞"和"保护套"而存在，老皮可以遮挡很大一部分紫外线，避免内部的新叶在休眠的过程中被烈日灼伤以及在休眠过程中过度的水分蒸发。

紫熏

灵耀玉

▲生石花成株蜕皮期很长，大概两个月。直到外面的老皮干透发白，成了薄薄的膜，轻轻一剥就能将其剥下来才算是蜕皮成功，这时才能浇水。

无比玉

◀蜕皮后的肉肉第一次浇水很重要。用浇水壶以其为点，围绕它浇一圈。不要浇到多肉上。下次等干透再浇。

木质化，大概是件好事

为了支撑自己上半身的重量，多肉们的根或茎就会产生木质素并不断沉积变硬，长得快和树一样了，以加固受抗压能力，这就是我们常说的木质化。对于种植超过一年以上的多肉来说，木质化绝对是件好事情！

▼种植多肉一段时间后，其茎有了不一样的变化，变咖啡色，摸起来硬硬的，这就是木质化。

小米星

丸叶
姬秋丽

◀枝干比较坚硬，用手轻
轻触碰就能感受到。

艳日伞

▲多肉木质化是老
桩必须经过的一个过
程。枝干上的多肉会
越来越重，只有枝干
强壮才能让多肉生长
得越来越好，为了更
好地支撑顶部的多
肉，枝干才木质化。

富贵法师

◀木质化后多肉植物
生长的速度会相对减
缓，呈现出我们常说
的"老桩"状态。

老桩是由时间换来的，经过了岁月的洗礼，有种成熟之美。

小美女

你可能想知道：
怎样才能加速
多肉木质化？

熊童子

▼如果多肉植物出现
"茶色"的茎干，就
说明肉肉植物出现了
木质化。

果冻
乙女心

　　因为木质素只能由细胞自己合成，所
以要多晒太阳才能够木质化，缺阳光的多
肉是不会木质化的。

喜阳的多肉会被晒伤吗

　　阳光下的多肉，色彩变得十分明丽。你会误以为它们晒在阳光下是一件相当舒服的事，其实它们也怕晒。晒伤时，轻则在叶片上留下永久性的疤痕，毁掉容颜，重则叶片化水，患黑腐病，失去生命。

多肉晒伤程度

蓝苹果

▲ 轻度晒伤：叶片的叶尖处会有晒伤的疤痕出现，一般晒伤都是在多肉植物特别嫩的部位。

▶ 重度晒伤：半个叶片甚至整个叶片都被晒伤，一般是在多肉叶片表面有水珠的情况下暴晒的后果。

◀濒死晒伤：整个叶片干瘪掉，变黑，腐化，尚存一丝气息。

◀晒伤发生后，叶片依然坚挺，没有萎蔫的迹象。这往往是在盆土干燥，缺少水分的情况下发生的晒伤。

晒伤后怎么办?

如果你的多肉晒伤，要把它搬到通风阴凉处晾一晾，喷点水，增加一下空气湿度，那些已经变焦、变黑的叶尖可以直接剪掉，把化水的叶子掰掉。面对已经晒伤的多肉，我们唯一能够期待的，就是它们活下来，并且逐渐把受伤的叶子新陈代谢掉。

蒂比

长时间在室内种植的多肉植物移到室外时，要逐渐加强光照，如先放到散射光处，或者有玻璃阻隔的地方，否则很容易晒伤叶子。

◀多肉晒伤后，可移到通风阴凉处，晒伤的叶子不会恢复，但会在一段时间后脱落，静静地等待新叶长出来吧。

温馨提示

叶子晒伤了可以掰掉吗？多肉晒伤后，为了美观，你可以用镊子将中间晒干的叶片取掉，严重晒伤的多肉底部的叶片不要人工掰，因为叶片里还有少许水分可以用于植物恢复调整，待叶片彻底干枯后会自己掉落下来的。

橙梦露

嘘，它们在休眠

你的多肉看起来不再朝气蓬勃，甚至有些奄奄一息的样子，它们生病了吗？嘘！它们是在休眠。休眠是多肉们在外界环境过于恶劣的情况下，为了生存而被迫做出的一种自我保护行为。它们有的在夏季休眠，也有的在冬季休眠，还有的甚至在夏冬二季都休眠。处于休眠期的多肉，体内活性组织活动缓慢，对养料、水分的吸收、合成、转换、释放等功能降低，甚至停止，植株这时就会停止生长。此时，对它们的照顾与生长期时当然也不一样。

黑法师

▶休眠期的黑法师叶片朝里卷曲。

123

▶休眠是机体的一种自我保护行为。所谓"留得青山在，不怕没柴烧"。只要有肥厚的叶片或肥大的块根，就能熬过条件恶劣的休眠季节。

条纹十二卷

▶这三株"玫瑰"，处于不同的休眠状态。

巨型山地玫瑰

你的多肉休眠了吗？

多肉休眠时会发生一系列生理变化，细心观察就能加以判断识别。

▶多肉休眠时看起来像死了一样，其实它们只是在睡觉而已。根部无明显新根系，最好不要动它，让它安安静静地"睡"。

巨型
山地玫瑰

▶休眠期的多肉叶片包裹很紧，植株生长停滞，仿佛在告诉别人"我睡觉了，谢绝观赏！"

▶ 多肉们逐渐醒来，唯有右下角这株中心仍然包裹着，呈球状，还未完全醒来。

翡翠冰原始种

仙童唱

▲ 左边这盆仙童唱还在睡觉，叶片颜色暗淡无光泽。右边这盆已经醒来，老叶平整有光泽，新叶鲜嫩艳丽。

耶罗
山地玫瑰

▲对于多肉"玫瑰"来说，休眠期的它们更漂亮！

它们在休眠，你要怎么管理？

水肥管理：多肉休眠后不再生长，所需的水分也大大减少，所以不需要大水，隔一定的时间沿着花盆边缘浇水即可。休眠期停止施肥，避免发生肥害烂根。

温度控制：由于品种不同，生长期所需的温度也有差别，它们在休眠时所需的温度非常接近。夏休眠的最适宜温度是在25～32℃；冬休眠的在2～5℃；少数怕寒的在7～10℃。

你可能想知道：
休眠期要完全断水吗？

山地玫瑰

▼多肉醒来时莲座逐渐打开，需水量也逐渐增多。

长生草

多肉休眠期一般需控水，减少浇水频率以及浇水量，只要在土壤表面略微喷一点就好了。它们的根部需要一定的湿度，所以不能完全保持干燥，否则根系就会干死了。

度过闷热的夏季

夏季是多肉出现事故最频繁的一个季节，它们容易被晒伤，遭受黑腐、虫害，等等。总之，这个多事之夏，你要做的就是好好陪伴它们、照顾它们，让它们安全度夏。

蓝石莲
度夏前

蓝石莲
度夏后

◀同一株多肉度夏前后。

通风

▲ 良好的通风环境可抑制细菌的滋生，闷热湿润的环境甚至会造成多肉的死亡。可将窗户打开，将多肉放在通风口，或用小风扇吹吹。

遮阳

▶ 多肉也和我们一样不喜欢暴晒。夏天可以将它们挪到稍微阴凉的地方，要不就搭个遮阳网。

温馨提示

夏季多肉难免褪去平日里可爱的外表，变得皱皱巴巴，颜色也不再鲜亮，这很正常。别急，只要安全度过夏季，到了秋季它们依然会恢复美丽的身姿。

璇叶姬星美人

控水

◀夏天不要看到盆土干了就拼命浇水。休眠期应少浇水，但不能断水，且浇水时间最好在傍晚。

奥普琳娜

防虫

◀夏天是多肉介壳虫大暴发的时候，所以要留意它们是否有虫子，如果发现要及时处理。

秀妍

▲夏天，如果发现靠近土壤部分有枯萎，一定要把它们摘除，否则会造成多肉根部不透气。

温馨提示

　　夏天可以把多肉搬进空调房吗？空调房内的温度更适合多肉生长，但光照少，搬进空调房也就默认接受徒长，然而有足够光照的空调房是可以的，多肉也可能更美。空调房的温度最好在 26～27℃，同时也要考虑空调关掉的时候，它们不致因环境骤变，落差太大。

铜壶法师

度过寒冷的冬季

　　虽然多肉的生命力比较顽强，但大多数还是比较怕冷。部分露养的多肉品种是耐寒的，在-15℃以内都没问题，如长生草。南方冬季气温怡人，对它们没什么影响，但在寒冷的北方如何过冬对它们来说却是个问题。冬季要注意些什么呢？

防冻

◀当室内最低温高于0℃时即可安全过冬。露养的多肉，当室外温度低于5℃时，要搬进室内或阳台内。

▶露养的多肉，下雪的时候，叶子有可能不会被冻伤，而雪融化的时候是吸收热量，则很有可能被冻伤，所以如果植株上有积雪，一定要及时清理。

吉娃娃

◀冬天，可以为你的多肉购买防冻装备。

◀把花盆放在大泡沫箱里，白天有阳光、有新鲜空气，晚上盖盖保暖。

日照

京之华锦

▲冬天要尽量给多肉们最好的光照，尤其是冬型种多肉，更要多日照了，否则容易徒长，影响观赏性及来年的抗逆性。

浇水

▲北方有暖气的地区空气较干燥，有可能两三天就要浇一次水，但如果光照不够就很容易徒长，应适当控水、延长浇水频率。

　　若冬季水温太低，可以加一点温水，尽量保持与土温一致，手放进水里不觉得冰凉就行，否则太冷，根系不好受。

温馨提示

　　冬季温度低，多肉基本停止生长，不需要施肥了，因为植物活性降低，吸收能力很差，施肥不仅不会促进植物生长，反而会造成肥害。

鲁氏石莲

当你拿起多肉的时候，你知道它们在对你说什么吗？
当你将它们送给他人时，你知道它们代表着什么吗？

第 5 章

进入诗情画意的
多肉世界
——常见多肉品种及寓意

你喜欢它，或许就是一种说不出的感觉，或许是喜欢它的一种品质，或许是喜欢它的一种寓意，总之，肉肉就是惹人爱。

萌宠系：幸福寓意

桃蛋：人见人爱！

粉嘟嘟的厚叶如熟透的桃子般丰满圆润，人见人爱。

形态类似：桃美人、艾伦桃美人等。

黑兔耳：憨人有憨福！

黑兔耳是"兔耳"家族一员，巧克力色带茸毛的叶片短小厚实，犹如兔耳朵，憨态可掬。

形态类似：孙悟空、泰迪熊烟熏兔耳等。

熊童子：有你的陪伴真好！

叶片肥厚似小熊脚掌，可爱至极，有你陪伴的日子更快乐。

形态类似：白熊和黄熊等。

福兔耳：给你温暖！

长梭型对生叶片以及茎干密布着白色茸毛，像毛毯一样，给人温暖。

吉娃娃：小巧而精致的美！

绿色厚厚的叶片上有浓厚的白粉，顶端有深红色小尖，一只小巧而精致的宠物。

形态类似：卡罗拉、水蜜桃、桃太郎等。

碧光环：我不想长大！

小时候的圆脑袋小萌兔，在不经意间就变成了长耳兔，真不想长大！

婴儿手指：给你呵护与关爱！

圆柱形叶肥肥肥厚厚，像极了婴儿粉嫩的手指，让人忍不住去关爱与呵护。

形态类似：千佛手、红手指等。

口笛：开心快乐每一天！

元宝状的叶片肉肉的，顶端红棱勾画出一张张小嘴，好似在开心地吹着口哨。

形态类似：藻铃玉、帝玉、少将等。

虹之玉：平凡又普通的幸福！

椭圆形的肉质小叶红绿相间，色泽鲜艳，如虹如玉。

形态类似：红浆果。

罗琦：要做最美的自己！

叶片短而肥厚，叶尖泛红，易生老桩，无论何种形态，看起来都很美。
形态类似：劳尔、凝脂莲等。

梦椿：小身体里的大能量！

阳光充足时叶片及整株由绿变红，小巧的植株里似乎蕴含了巨大的能量！
形态类似：春之奇迹。

葡萄：希望你看见我的可爱

肥嘟嘟颗粒状的叶片，像一颗颗小葡萄，小巧而可爱。

形态类似：小和锦、姬葡萄等。

小蓝衣：超萌超可爱！

蓝绿色肥厚的叶片两侧和叶尖处带长茸毛，肉呼呼的，一不小心就生出一大片。

形态类似：姬小光。

乙女心：平凡日子里的小清新！

叶片密集排列在枝干的顶端，绿里透红，平凡日子里的一股小清新。

形态类似：小美女、八千代等。

吹雪之松锦：喜欢你俏皮的样子。

叶片嫩绿似翡翠，茎部叶腋间生长出白色丝毛，如同蜘蛛网，俏皮可爱。

小米星：智慧与美貌并存！

对生的叶片像极了一颗颗四角星，只要一抹轻轻的嫣红，就很文艺范。

形态类似：半球乙女。

励志系：强劲力量

蒂亚：值得欣赏！

平时叶片宛若燃烧的绿色火焰，出状态时边缘却红得艳丽。

三色堇：期待美好变化！

极致状态时整株从中心往外呈现蓝绿、黄和粉色的渐变色，晶莹剔透。

原始绿爪：抓住美好的一切！

浅绿色的叶片呈莲座状排列，叶尖深红至黑色，似指甲尖尖的小爪子。

形态类似：红爪、黑爪和魔爪等。

玉露：冰清玉洁之美！

植株玲珑小巧，叶色晶莹剔透，叶片纹理清晰可见，真是冰清玉洁。

央金：柔弱中的刚强！

叶片薄，叶尖犀利，日照充足时叶背有血丝状红色斑纹，看似柔中带刚。

红稚莲：日子越来越好！

小巧灌木，叶片光滑，边缘和尖端有红晕，越红越美丽。

达摩福娘：做有特色的自己！

茎很细，叶片却呈肥厚的小颗粒状，有股难得的水果清香味。

玉蝶：端庄大方！

肉嫩的叶片冠幅大，形态端庄大方。

乒乓福娘：散发着福气！

由粉绿到褐红色的叶片上有白粉覆，顶端边缘泛红，肉嘟嘟的像个小胖姑娘。

黑王子：多一份雄伟坚韧！

叶如牡丹花绽开，随日照增多由绿变红，至趋于黑色，给人雄伟坚韧之感。
色彩类似：黑骑士、巧克力方砖。

璇叶姬星美人：不可或缺的配角！

常年蓝绿色，叶片密布小凹陷，无论在何处都是最美的点缀。
形态类似：薄雪万年草。

鹿角海棠：文静而雅致！

粉绿色至灰绿色的叶子呈肉肉的三棱状，叶背龙骨状突起，文静而雅致。

生石花：低调恬静的生活！

犹如会呼吸的彩色石头，默默地生活在我们周围。

小人祭：坚强有力的小家伙！

茎细叶小，叶片绿中带红纹，犹如一株小松树，生命力强。

形态类似：仙童唱。

赤鬼城：愈挫愈勇！

长出新绿叶在阳光长期照耀下，愈来愈红，红得不可思议。

形态类似：火祭。

丸叶姬秋丽：为你的奋斗点赞!

精致小巧的厚叶如玉石一般，它努力生长，在不经意间爆发出大丛群生之美。

若绿：强大的生命力!

绿色的叶片短小，呈现出蓬勃的生命力。

情感系：爱的物语

爱之蔓：
心心相印，缠绵一生！

植株蔓延，心形叶片，两两成对，手感厚实，应了那句"心心相印"。

蓝石莲：永不磨灭的情谊！

叶片上有淡蓝色霜粉。莲座状叶盘酷似一朵朵盛开的莲花，永不凋零。
形态类似：鲁氏石莲。

女雏：
楚楚动人，姊妹情深！

株形小巧，叶缘长期泛红，易爆侧芽，常常如一群小姐妹相拥在一起。

小球玫瑰：我想我爱上了你！

外形精致纤巧，当叶片呈现艳丽的红色时，魅力不逊于真正的玫瑰花。

蓝宝石：把最好的给你。

阳光下，颇具棱角感的紫粉色叶片愈显珠光宝气，精巧可爱。

秀妍：对你赤诚的爱恋。

整株包裹紧凑，叶片像一朵朵含苞待放的花蕾。

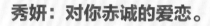

冰莓：等待爱情！

粉嫩的叶片包裹紧凑，边缘有透明感，像一位楚楚动人的姑娘在等待着爱情。
形态类似：贝瑞。

特玉莲：对你一见钟情！

绿色和淡粉色的叶片，由两侧边缘向外弯
曲，让人一眼就记住。
形态类似：雪精灵、丘比特。

山地玫瑰：
对你深深的
爱恋！

薄叶或包裹成杯状
或展开如花状，爱
它睡有睡姿，醒有
醒态。

冰玉：我已暗
恋你多时！

叶片圆润，肥厚，
粉里透青，很有质
感，让人暗自喜欢。

蓝豆：想念你!

叶如蓝色微红的小豆豆，散发淡淡的香味，一颗小豆代表一点思念。

形态类似：绿豆、紫梦。

舞会红裙：在我眼中你最美!

叶片边缘有皱褶，形如波浪，如同女子身上的裙摆，红色的装扮更显欢闹。

花月夜：只想和你在一起！

标致的莲花株形，动人的叶边红缘让人着迷。花前月下只想与你在一起。

紫心：难忘的回忆！

叶片小而圆，色系从蓝绿色到橙黄色，从粉色到紫色都驾驭得住，令人难忘。

小红衣：想要照顾你！

叶片包裹，叶缘和叶尖呈红色。如同一位楚楚动人的少女，让人顿生怜爱之意。

罗密欧：热烈的爱！

株型端庄大气，血红色的叶片肥厚，叶尖深红，难掩心中激情。

形态类似：罗宾。

珊瑚：单身快乐！

直立生长，叶退化成鳞片状，少数散生枝端，像个小光棍。

碧玉莲：默默付出！

迷你的叶片像银锭，又像一颗颗心，色彩淡雅，犹如优美的工艺品。

百合丽丽：恩爱幸福

叶片短小厚实似圆匙，细嗅有淡淡的香味。

亲和系：友善温柔

红宝石：吉祥如意!

株型小巧，叶缘红色，远看如一块
绚丽的红宝石，耐看又喜庆。

落地生根：多子多福!

叶片边缘锯齿处萌发出两枚对生的
小叶，一触即落，落地生根，多子
多福。

艳日辉：阳光明媚，无限美好!

有太阳的日子里，叶心绿色，边缘露出红红的
锯齿，多么绚丽辉煌。
形态类似：灿烂、星爆。

大和锦：青春常驻，永不老去！

莲座状的肉质叶紧密拥簇，叶色斑斓，形态几乎不受季节影响，像幅立体画。

紫珍珠：吉祥与安康！

株型玲珑，粉紫色的叶片呈莲座状螺旋排列，预示吉祥与安康。

蛛丝卷绢：团结一心，绚丽一片！

植株贴地而生，叶尖有大量蜘蛛网般茸毛缠绕，密不可分，环环相扣。
形态类似：观音莲。

紫牡丹：吉祥安康，长寿！

长生草的一员，紫色叶片透着绿光，展开时就宛如一朵盛开的牡丹花。

子持莲华：幸福无限蔓延！

迷你株型，匍匐走茎放射状蔓生，落地生新株，让幸福无限蔓延。

锦晃星：自由与梦想！

肥厚的叶片布满细短白茸毛，边缘镶上一圈亮丽的红色，犹如一只自由的飞鸟。

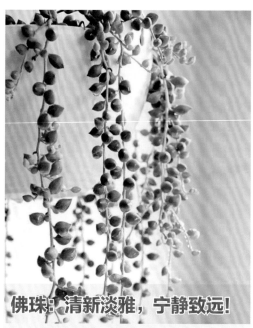

佛珠：清新淡雅，宁静致远！

叶片圆润肥厚，似一串串风铃在风中摇曳，清新淡雅，宁静致远。

形态类似：情人泪、紫玄月。

新玉缀：健康与祝福！

叶呈螺旋状紧密排列，只要有阳光的地方其生长就旺盛，并充满生命的色彩。

蜡牡丹：圆满华贵的人生！

油亮的蜡质状叶片排列紧密，几乎不见茎，犹如一朵朵盛开的小牡丹花。

黄金万年草：持久永恒的幸福！

翠绿泛黄，在阳光下闪闪发光。一不小心就爆盆，仿佛永远都是一片金黄。

形态类似：薄雪万年草。

红背椒草：赶走霉运！

厚厚的叶片，叶面暗绿，背后却是红色，人生有绿就有红。

瑞典魔南：送你无穷魔力！

叶子重重叠叠堆成小塔状，挡住了茎部，姿态可爱。

酥皮鸭：好运常相伴！

肉质树状，叶片小巧，红缘绿底，整株犹如森林中的精灵，希冀给人带来好运。

形态类似：探戈。

高冷系：高贵人生

仙女杯杜丽爱丝：优雅自在！

细长的叶由绿到红渐变，整株犹如舞动的仙女，仙气十足。

雪莲：令人敬仰！

无需华丽群生，仅看这莲花掌株型及带白霜的叶面，也会感到圣洁无比。

奥普琳娜：含蓄之美！

粉粉的淡蓝色叶片，叶缘和尖端泛红，仿佛一位娇嫩害羞的气质美女。

橙梦露：梦想成真！

果冻色的厚叶片上覆有白霜，宛如仙境的一朵莲花，美得不可方物。

广寒宫：傲视群芳！

叶片白里透蓝，叶缘淡淡粉红，色美，粉厚，一副不食人间烟火的样子。

晚霞：期待美好的事发生！

一袭紫衫，叶轮镶红边，犹如空中一抹燃烧的晚霞，让人心生无限遐想。

纸风车：优雅华贵！

叶片层层叠叠，绿色泛紫。娇嫩含蓄，周正的莲花座植株尽显优雅本色。

蓝光：与众不同！

蓝绿色叶片边缘泛粉红，美丽无需多言，颇有几分仙气，仿佛把人带入一个美好时空。

香槟：霸气中的可爱！

株型较大，叶尖深红，且有明显的龙骨及暗纹，霸气又可爱。

雨滴：神秘！

圆形叶片上有瘤状突起，像雨滴打落在叶片上，美得那样神秘。

万圣节：忘却烦恼！

由绿到红的薄叶向里包裹，高贵典雅，婀娜多姿，看一眼便会忘却所有烦恼。
形态类似：紫羊绒、韶羞。

奶油黄桃：幸运快乐！

株型包裹，叶片泛黄甚至泛粉，整株犹如手捧花。谁是那位幸运的接花人呢？

仙女杯白菊：渴望获得成就！

短小而透露坚毅的叶片覆有薄粉，叶尖时粉时蓝，远看犹如银白的圣杯。

韶羞：实现理想！

叶片黄中带绿，犹如桃子的侧面，清丽动人。

剑司诺娃：敢爱敢恨！

蓝绿色的叶片，先端三角状，外缘的红紫色特别显眼，犹如一位性格开朗的姑娘。

银月：美好的遐想！

圆柱形叶片包裹着厚厚白茸毛，洁白如雪，形似弯月状，颇似银月。

墨西哥巨人：有成就！

植株巨大，白色厚叶上覆白霜，越长越大，越长越美。

商务系：似锦前程

金枝玉叶：荣华富贵！

肉质茎上绿色光亮的叶片，显得苍劲古朴。
形态类似：雅乐之舞。

富贵法师：大富大贵！

叶片厚重有质感，美丽却不妖娆，散发一种大气之美。

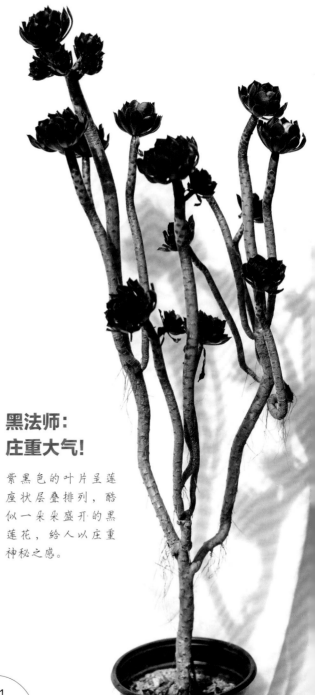

黑法师：
庄重大气！

紫黑色的叶片呈莲座状层叠排列，酷似一朵朵盛开的黑莲花，给人以庄重神秘之感。

金钱木：财富常在！

肥厚的叶片排列整齐酷似铜钱，且四季都能
长出坚挺浓绿的叶片，象征着财富常在。

筒叶花月：招财进宝！

四季常青，偶有泛红，筒状叶似手能吸收进
各种财富与幸运。

灿烂：美好的明天！

带有细密锯齿的薄叶片，中间翠绿边缘黄中
透粉，看似一片灿烂的明天。

高砂之翁：智慧与成就！

茎部粗壮，大波浪卷形的宽大叶片，颜色
随光照变化从蓝紫到橙红变幻不定，别样
魅力。

唐印：前程似锦！

对生肉质叶片叶尖圆钝，形似汤匙，阳光下一团火红。

魅惑之宵：兴旺发达！

叶面光滑，背面突起微呈龙骨状，叶缘至叶尖会大红或艳红。
形态类似：乌木。

钱串: 财源滚滚来!

小巧可爱, 绿叶红边, 上下叠生,
酷似一串串古代的钱币。

形态类似: 蜡笔、小米星、半球乙
女、星公主、自由女神等。

**黄金花月:
强大!**

叶片边缘会变
红, 植株呈现出
金色。树状枝叶
亭亭玉立。

金手指: 富贵招财!

全身金黄刺, 形如人手指。生
命力强, 像一位守护之神, 是
富贵招财的象征。

形态类似: 白鸟、银手指等。

黄毛掌：守护！

绿色掌形茎上点缀着一撮撮金黄色小短毛，像有力又柔萌的守护者。

吉祥冠：贵气突显！

肉质叶排成莲座形，放射状丛生，红色的尖刺增添几分贵气。

附录
入坑多肉圈"行话"速读

入坑

指爱上某种事物并为之付出很多精力、时间、金钱，与之相对的称"出坑"。

普货

比较容易见到的、相对比较便宜的、易繁殖的品种。普货虽然便宜但不一定不好看。

大户

拥有很多多肉的人。

拼盘

不同品种的多肉种在一起。

铺面

用漂亮的介质铺在盆土表面起到装饰作用，铺面石种类繁多。

小黏黏

出状态

多肉养出很美的状态，主要是上色。适当的强光照和昼夜温差，能帮助多肉染上美丽的红色。

花月夜

露养

就是露天养多肉，也可以说是贱养，在外面养，这样更容易理解。

阳台党

将多肉养在阳台上的人，与之相对的是天台党。

潮土

潮湿的土，即捏在手上会黏在一起，但没有水流出来。

新三色
花月

斑锦

斑锦变异，是指植物体的茎、叶甚至子房等部位发生颜色上的改变，如变成白、黄、红等各种颜色。

黑法师

老桩

指那些生长多年，枝干苍老古朴的多肉植物老株。一般来说有干了就已经算得上是老桩了。

冰淇淋

控水

控水即控制浇水量。大量浇水会导致多肉营养过剩，吸水太多，最终造成植株徒长，变成绿油油的青菜。停止浇水为断水。

窗

多肉（多指玉露）叶子顶端透明的部分，简称窗面，不同品种有不同的纹路，多光照后会展现出最佳的状态。大窗就是透明面比较大，全窗比大窗面积更大，看起来更加透明。

雪莲

锦晃星

霜

一些多肉植物的叶子绿色肉质会有白色的粉状覆在表面，让植株更漂亮。接触多肉时如果碰到上面的霜就会变成难看的大花脸。

晾根

新买的多肉，需要待根干了之后上盆，以免造成烂根，网购来的多肉基本都要晾一下，当然有些细心的店主在发货前会晾干。

红蜡冬云

果冻色

一些多肉出状态时的颜色，不是指某种具体的颜色，而是指果冻般透明的质感。

韶羞缀化

缀化

某些品种的多肉植物受到不明原因的外界刺激（浇水、日照、温度、药物、气候突变等），其顶端的生长锥异常分生、加倍，而形成许多小的生长点，这些生长点横向发展连成一条线，最终长成扁平的扇形或鸡冠形带状体。

黄熊

缓盆

也称缓根，就是多肉刚种上时需要让它适应一下环境。这个过程一般是一个星期左右，缓盆时不要浇水。

香炉盘

赛多纳

散光

太阳光直接照射的光线就是直射光，太阳不能直接照射到，但是周围很明亮的区域就是散射光，常称为散光。

木质化

为了支撑自己上半身的重量，肉肉们的根或茎就会产生木质素并不断沉积变硬，长得快和树一样了，以加固受力抗压能力。

生长点

植物学上通常称为分生区，又称生长锥或顶端分生组织，此处细胞分裂活动旺盛。多肉植物的生长点一般在叶子和植株连接部位。

冰莓杂

叶痕

叶脱落后，茎上留下着生叶柄的痕迹。

爆盆

从一颗，变成一盆，由少变多挤爆盆子。

劳伦斯

花箭

指在开花时能够授粉结种子的"器官"。

菲欧娜

静夜

单头

多肉小苗只有一个头，相对应的为双头和多头。

群生

一个母体多肉上有多个小多肉，并且共同生长在一起的状态，很多品种都会群生。

昂斯诺

分株

多肉植物繁殖方法中最简单、最安全的的，而且成活率最高的方法。呈莲座状群生的多肉植物可以用它们的吸芽、走茎、块茎、鳞茎等进行分株繁殖，在植株需要换盆时进行。

侧芽

分枝侧面形成的芽，或着生于叶子、叶痕腋部的芽，底部生出侧芽又叫爆头或爆崽。

砍头

砍头就是用剪刀把多肉的顶端剪掉，就像砍掉了头一样。砍了的头插在疏松、少水土壤上可生根发芽。一般对徒长和需要造型的多肉进行砍头。

圆叶法师

实生

是指直接由种子繁殖的多肉植物苗株。

叶插

将叶片取下来，放在合适的环境中，其生长点会生根发芽。这是较为常见的繁殖方法。

枝插

把"砍头"的多肉插在疏松、少水土壤上可生根发芽。这也是繁殖的一种方法，但并非适用于所有品种。

粉蔓

僵苗

不生长现象也常被称为"僵苗"，主要原因在于多肉植物的根系，在这种状态下的根系一定是完全枯死或者只有一点点硬撑着。随着时间推移，植物会慢慢消耗殆尽而死去。

徒长

指植物失去原本矮壮的造型，茎叶疯狂伸长的现象。主要是缺少日照，光线过暗，浇水又相对较多而造成的。

凝脂莲

赛多纳

胖美人

化水

水分过多或者潮湿造成叶片、根茎的腐烂，透明化，最后消失。尤其是进入夏季时，雨水相对比较充足，但是如果养护不当很可能会造成化水问题。

气根

由于生长所需的养分、水分不足，多肉植物为了吸收足够的养分，以及为了更好地固定自身，会长出裸露在空气中的根，这些就是气根。多肉植物长气根属于常见的现象。

黑腐

由真菌引起的一种病，称为多肉界的癌症，表现为植株根部腐烂，叶片一碰就掉。

韶羞

休眠期

动植物为了应对刺激会以休眠的方式来自我保护，也就是"睡觉"，有些多肉是在冬季低温来袭时休眠，有些是在夏季高温酷暑时休眠。表现为叶片紧闭、生长缓慢、厌水、忌高温等。与之相对的是"生长期"。

蜕皮

皮脱掉一层就长大一点，如肉锥、生石花会蜕皮，但不是所有的多肉都这样。

白凤

穿裙子

通常是指肉肉本来合拢的叶片变成了散开的样子，相对于多肉包拢时那种有层次的美，叶片散开比较不受肉友的喜欢，所以说成穿裙子，也被称作摊大饼。

缓释肥

指养分由化学物质转变成植物可直接吸收利用的有效形态的过程（如溶解、水解、降解等），常为小颗粒状。